U0384086

“小小极客”系列

人造“星星”

吴根清　编著

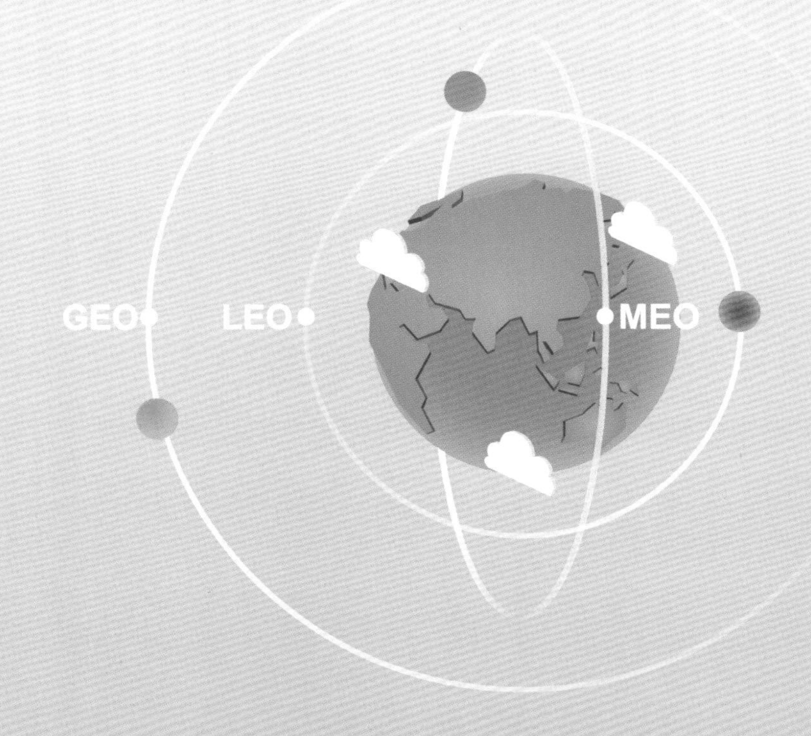

新世界出版社
NEW WORLD PRESS

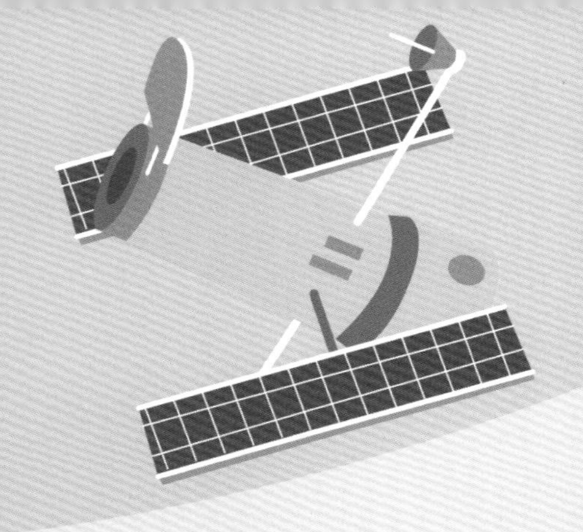

编者的话

在这个无处不科技的时代，越早让孩子感受科技的力量，越早能够打开他们的智慧之门。

身处这个时代、站在这个星球上，电脑科技的历史有多长？人类和电脑究竟谁更聪明？人类探索宇宙的步伐走到了哪里？“小小极客”系列通过鲜活的生活实例、深入浅出的讲述，让孩子通过阅读内容、参与互动游戏，了解机器人、计算机编程、

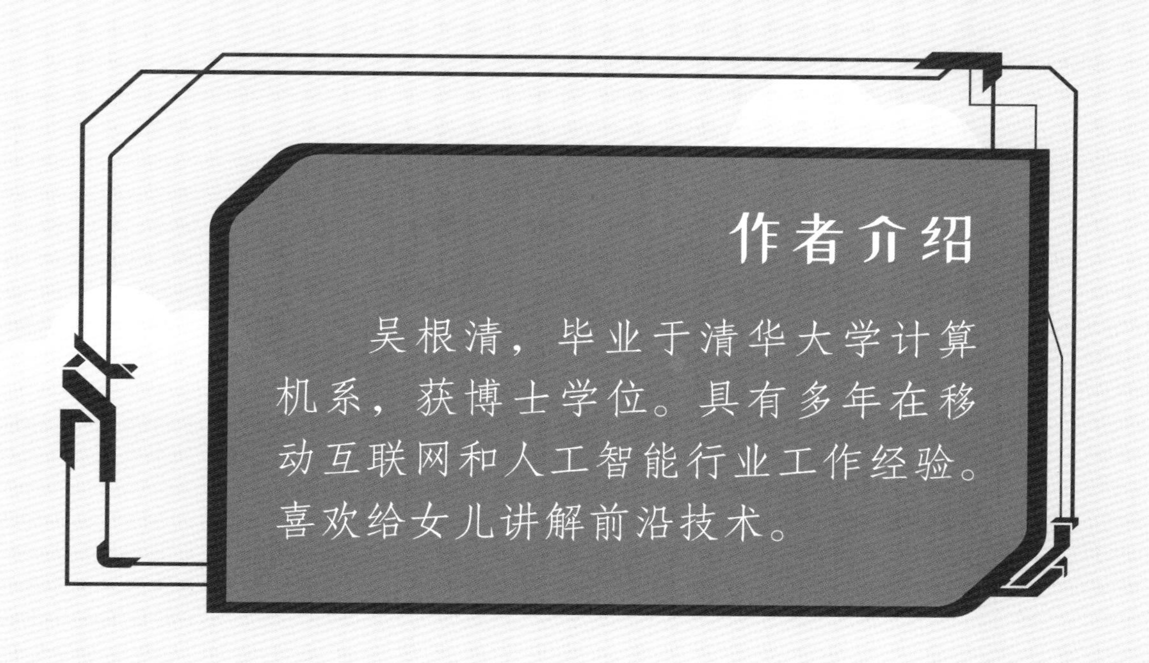

作者介绍

吴根清，毕业于清华大学计算机系，获博士学位。具有多年在移动互联网和人工智能行业工作经验。喜欢给女儿讲解前沿技术。

虚拟现实、人工智能、人造卫星和太空探索等最具启发性和科技感的主题，从小培养科技思维，锻炼动手能力和实操能力，切实点燃求知之火、种下智慧之苗。

“小小极客”系列是一艘小船，相信它能载着充满好奇、热爱科技的孩子畅游知识之海，到达未来科技的彼岸。

小小极客探索之旅

阅读不只是读书上的文字和图画，阅读可以是多维的、立体的、多感官联动的。这套“小小极客”系列绘本不只是一套书，它还提供了涉及视觉、听觉多感官的丰富材料，带领孩子尽情遨游科学的世界；它提供了知识、游戏、测试，让孩子切实掌握科学知识；它能够激发孩子对世界的好奇心和求知欲，让亲子阅读的过程更加丰富而有趣。

一套书可以变成一个博物馆、一个游学营，快陪伴孩子开启一场充满乐趣和挑战的小小极客探索之旅吧！

极客小百科

关于书中提到的一些科学名词，这里有既通俗易懂又不失科学性的解释；关于书中介绍的科学事件，这里有更多有趣的故事，能启发孩子思考。

这就是探索科学奥秘的钥匙，请用手机扫一扫，立刻就能获得——

极客相册

书中讲了这么多孩子没见过的科学发明，想看看它们真实的样子吗？想听听它们发出的声音吗？来这里吧！

极客游戏

读完本书，还可以陪孩子一起玩 AI 互动小游戏，让孩子轻松掌握科学原理，培养科学思维！

极客画廊

认识了这么多新的科学发明，孩子可以用自己的小手把它们画出来，尽情发挥自己的想象力吧！

极客小测试

读完本书，孩子成为小小极客了吗？来挑战看看吧！

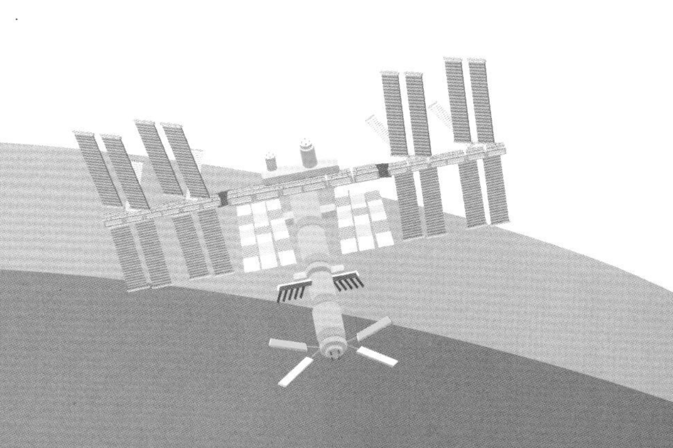

月亮为什么绕着地球转？

在无边无际的宇宙中，任何两个物体之间都有相互吸引的力，这种物体之间的吸引力叫作万有引力。

太阳和地球、月亮和地球之间，也存在着神奇的万有引力，它们彼此就像两块巨大的磁铁相互吸引。

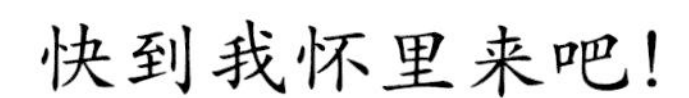

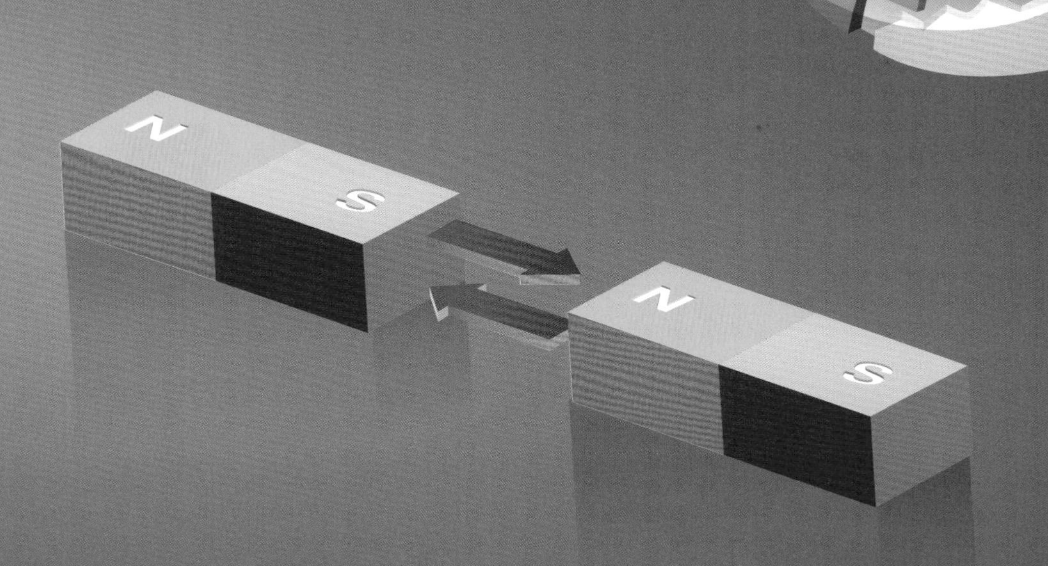

两个人之间也有万有引力吗？

两个人之间当然也有万有引力。之所以叫万有引力，就是因为这种力存在于任意两个有质量的物体之间。物体的质量越大，或距离越小，则万有引力越大。只是，两个人之间的万有引力非常非常小，咚咚仔和咕咕猫之间的万有引力大概比小朋友的一根眉毛的重量还要小。

可是，既然地球和月亮相互吸引，那为什么月亮没有被吸引到地球上来呢？

那是因为月亮围绕着地球做圆周运动（绕着地球转动），并因此产生一个向外的力，物理学上叫作离心力。

地球和月亮之间的万有引力和离心力，互相“比赛”，最终达到平衡，月亮就在离地球一定距离的轨道上绕着地球旋转啦。

这就像咚咚仔拉着咕咕猫旋转，手拉咕咕猫的力气刚好平衡了他要飞开的离心力，咕咕猫就围着咚咚仔转啦！

不要走呀！
千万不要松手啊！

绕着行星转的卫星

月亮围着地球跑，我们就把月亮叫作地球的卫星。地球只有月亮这颗唯一的天然卫星。太阳系八大行星中拥有卫星最多的要数木星，它有79颗卫星，而其中的12颗是2018年才刚刚被发现的。

木卫三

木卫一

木卫二

木卫四

木星四颗主要卫星的轨道示意图

太阳系的八大行星都有谁？

按与太阳的距离从近到远排序，八大行星是：水星、金星、地球、火星、木星、土星、天王星和海王星。除了地球和木星，火星也有两颗卫星，土星至少有 53 颗卫星，天王星至少有 27 颗，海王星则有 14 颗，只有水星和金星没有自己的卫星。

我有自己的人造卫星
扫二维码，学习更多知识。

人造卫星

除了天然卫星，地球有可能有属于自己的人造卫星吗？

火箭的发明创造了这种可能。1957 年，苏联科学家用火箭发射了人类历史上第一颗人造卫星，它叫“斯普特尼克一号”，重量和一个成年人的体重差不多。

“斯普特尼克一号”升空后围绕地球转了 1400 多圈，最后掉入大气层消失了！

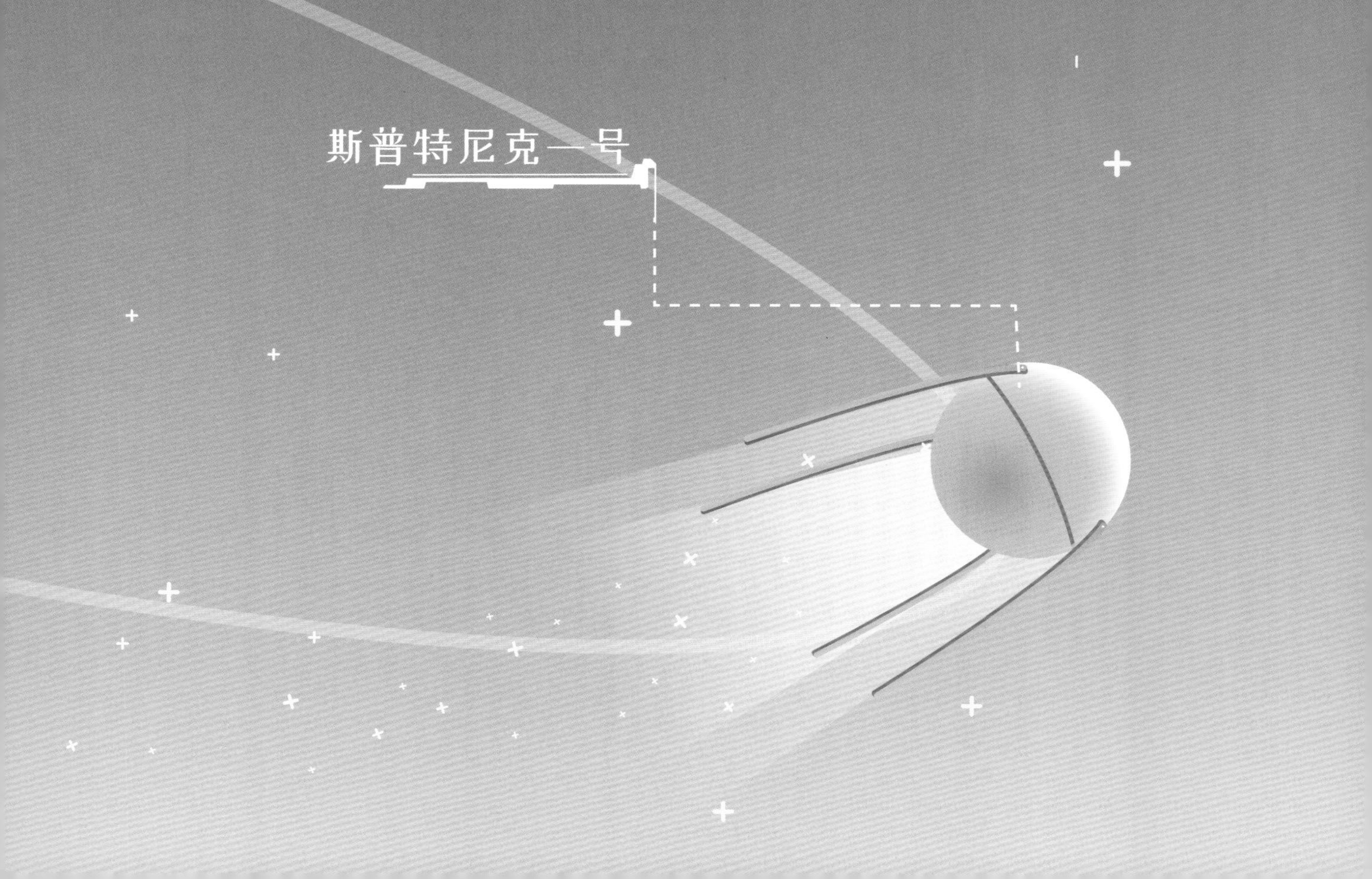

斯普特尼克一号

中国的第一颗人造地球卫星叫作“东方红一号”。1970 年 4 月 24 日，以钱学森为首的科学家团队设计的人造地球卫星“东方红一号”发射成功，人们在地面上可以用收音机收听到它广播的音乐《东方红》。它在 20 多天后因电池耗尽停止发射信号，与地面失去了联系。“东方红一号”卫星至今仍在轨道上，并可能永远环绕地球运行下去。它可能成了陪着地球转动的一个永远的“朋友”了！

为了在地面“看得见”它，“东方红一号”被设计成一个直径 1 米的 72 面体，这样它旋转起来就能闪光。可以说，“东方红一号”是真正能从地面观察到的人造“星星”呢。

好亮的人造卫星啊!

太空垃圾

随着地球上越来越多的国家拥有了设计和制造卫星的能力，到现在为止，人类已经发射了几千颗人造卫星，地球的上空可繁忙啦！

这么多人造卫星中，很多已经因无法工作而“退休”了，可它们还飘浮在地球的周围，这些围绕地球轨道的无用人造物体被称为太空垃圾。太空垃圾还包括火箭和航天器在发射过程中产生的碎片、航天器表面脱落的油漆斑块、宇航员的生活垃圾、火箭和航天器爆炸或碰撞过程中产生的碎片……

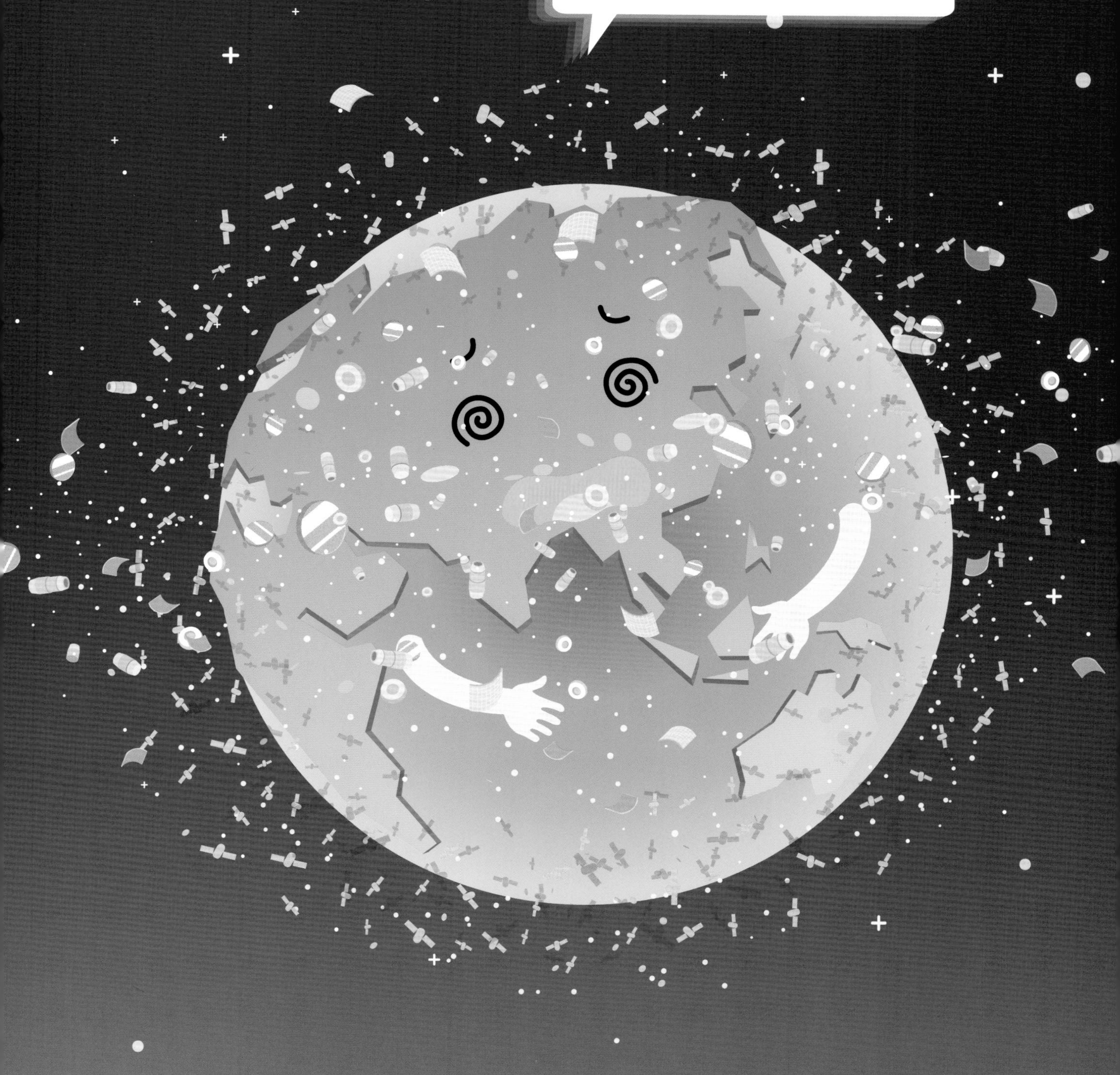
啊，我已经被垃圾包围啦！

最古老的太空垃圾

现存时间最长的太空垃圾是一颗美国 1958 年发射的卫星。它在太空中待了 60 多年，比很多小朋友的爷爷年龄都要大。

最意想不到的太空垃圾

宇航员也可能无意间制造太空垃圾。现存的太空垃圾包括宇航员太空行走时丢失的一副手套、两台摄影机、一些工具和工具包，以及从空间站丢弃的垃圾袋，甚至包括一支牙刷。

为了避免太空垃圾对正常航天器造成影响和破坏，人们想了很多办法去监测和处理太空垃圾。小朋友们，就像在地面一样，在太空中也要保护环境哟！

怎么清除太空垃圾？

科学家们提出了包括用机器人抓取、绳网捕获、激光气化等不同方法。2018 年，宇航员从国际空间站释放了一颗具有绳网捕捉能力的卫星，用于实验垃圾清除，并取得了不错的效果。

太空垃圾造成过危害吗？

是的。2009 年，一颗隶属美国的、正常工作的“铱星 33 号”通讯卫星和一颗隶属俄罗斯的废弃卫星相撞，产生了 500 块碎片。

接下来，我们看看绕着地球运转的卫星大家族有哪些主要成员。

气象卫星

气象卫星是地球观测卫星的一种，它们就像高高挂在太空中的小小气象站。它们携带气象仪器，随时观察地球及其大气层的可见光、红外线、微波辐射等重要气象信息，然后将相关信息发送到地面接收站。气象专家根据气象卫星和地面气象站的数据，对未来天气做出科学的预测。

看卫星云图，明天有台风
在海边登陆，赶紧告诉爸
爸换一下度假的地方！

为了看得清楚，我一般飞得比较低，便于快速扫描。嗯，这片农田的面积，我扫一眼就算出来了。
扫二维码，看极客相册。

测绘卫星

测绘卫星也属于地球观测卫星，和气象卫星主要关注大气不同，测绘卫星主要关注山川、河流、森林、村庄、建筑、道路等地面情况，为人们修路、建水坝、种植农作物等各种活动提供重要的地理信息。很多电子地图的完成，也靠测绘卫星帮忙。

我们可以使用测绘卫星抓拍到的地球表面信息，画出缤纷的地球相册。就像小朋友们的相册可以记录成长的变化一样，地球相册可以让我们看到这个蓝色星球各个角落一年四季的样子，还能看到一个地方一段时间的地表变化，为科学研究、环境保护等提供重要的依据。

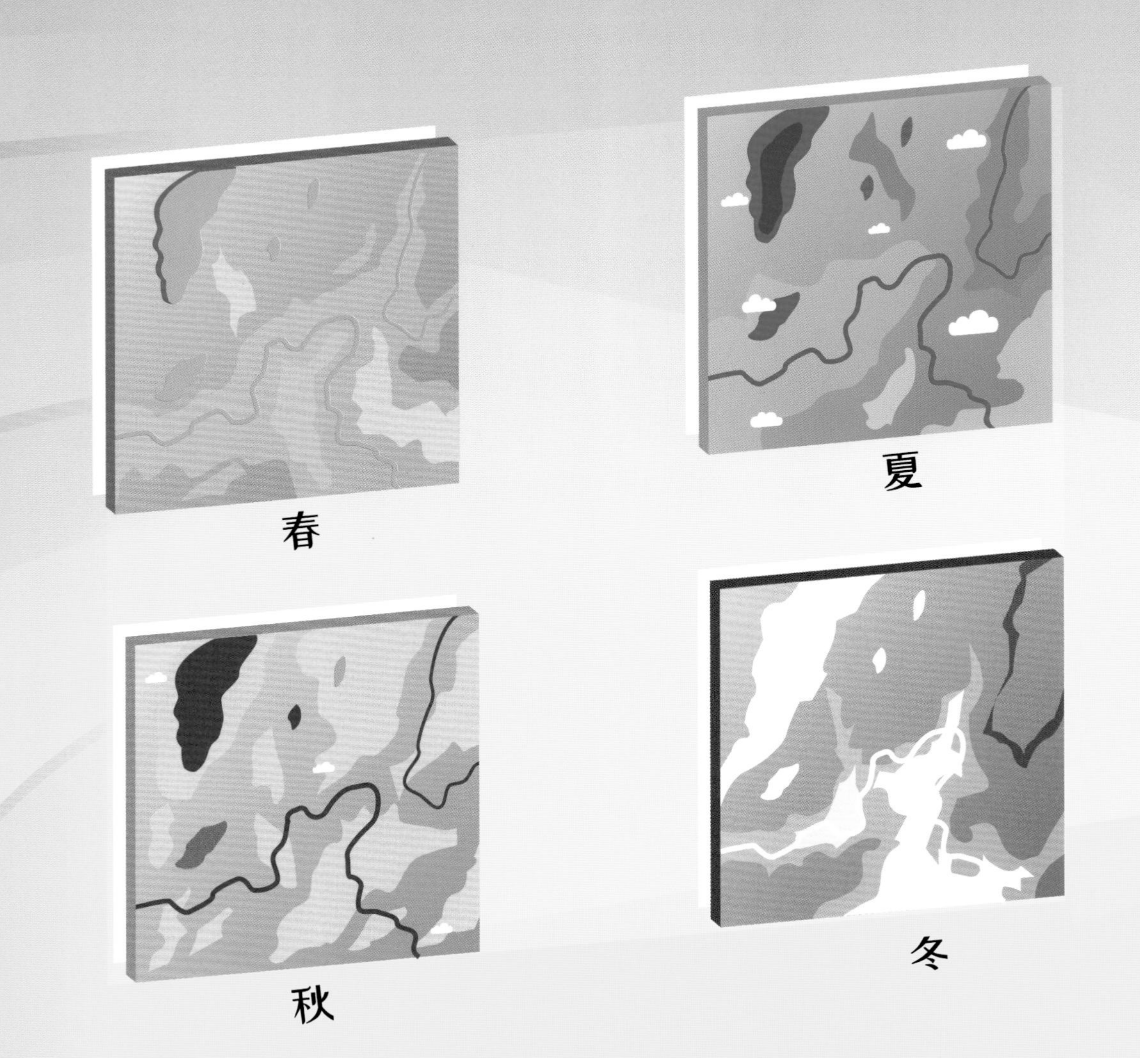

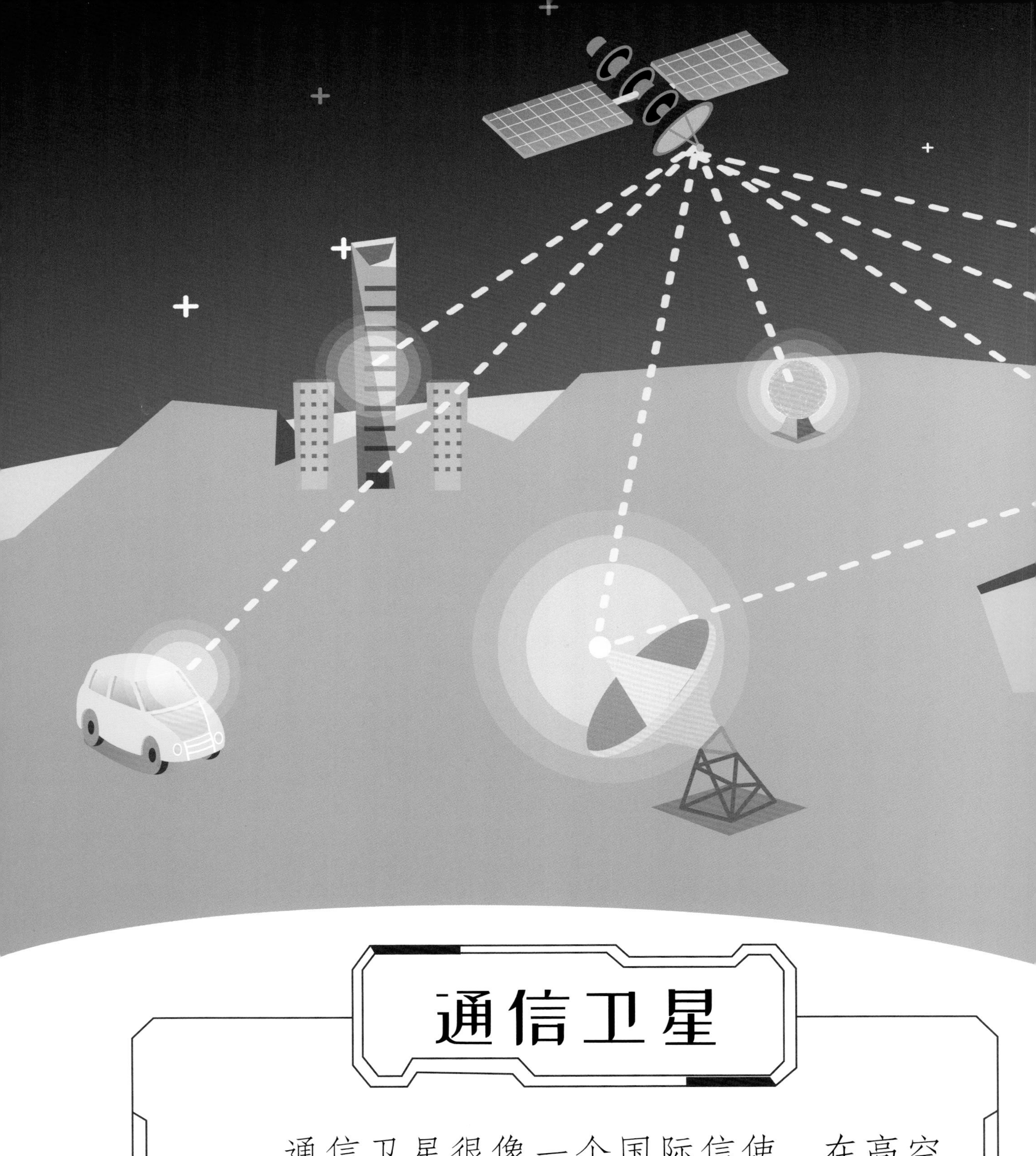

通信卫星

通信卫星很像一个国际信使，在高空收集来自地面、海上、空中的各种“信件”，然后再“投递”到另一个地方的用户那里。

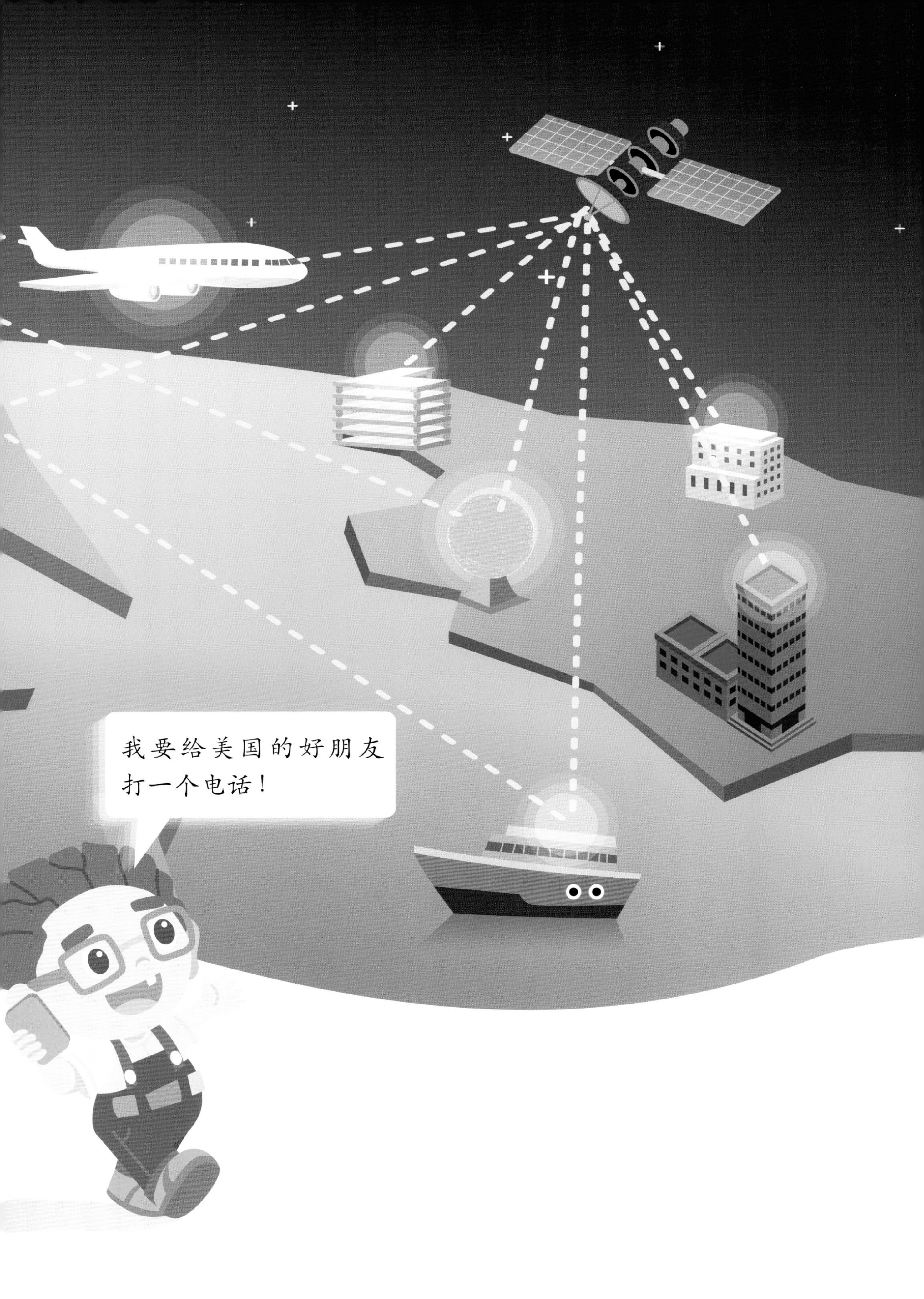
我要给美国的好朋友
打一个电话！

怎么避免这些人造卫星将来成为"太空垃圾"？

科学家将让这些小卫星在使用寿命临近结束时有序离轨，计划采用先进技术减少可能产生的碎片。

近年来，火箭发射的费用不再像以往那么昂贵，一些科学家提出了建设近地卫星互联网的想法，计划尝试在地球低空发射超过10000颗通信卫星，为海洋、极地、偏远地区与外界联系建立一个低成本通信通道。

定位服务卫星

卫星定位在我们日常生活中发挥着越来越重要的作用。我们利用接收器（比如手机）接收4颗以上的定位卫星信号，计算出接收器与每个卫星之间的距离，再运用复杂的计算方法，计算出接收器当前的地点和高度。

我要去动物园。
从当前位置出发，距离13公里，乘车大概需要20分钟。

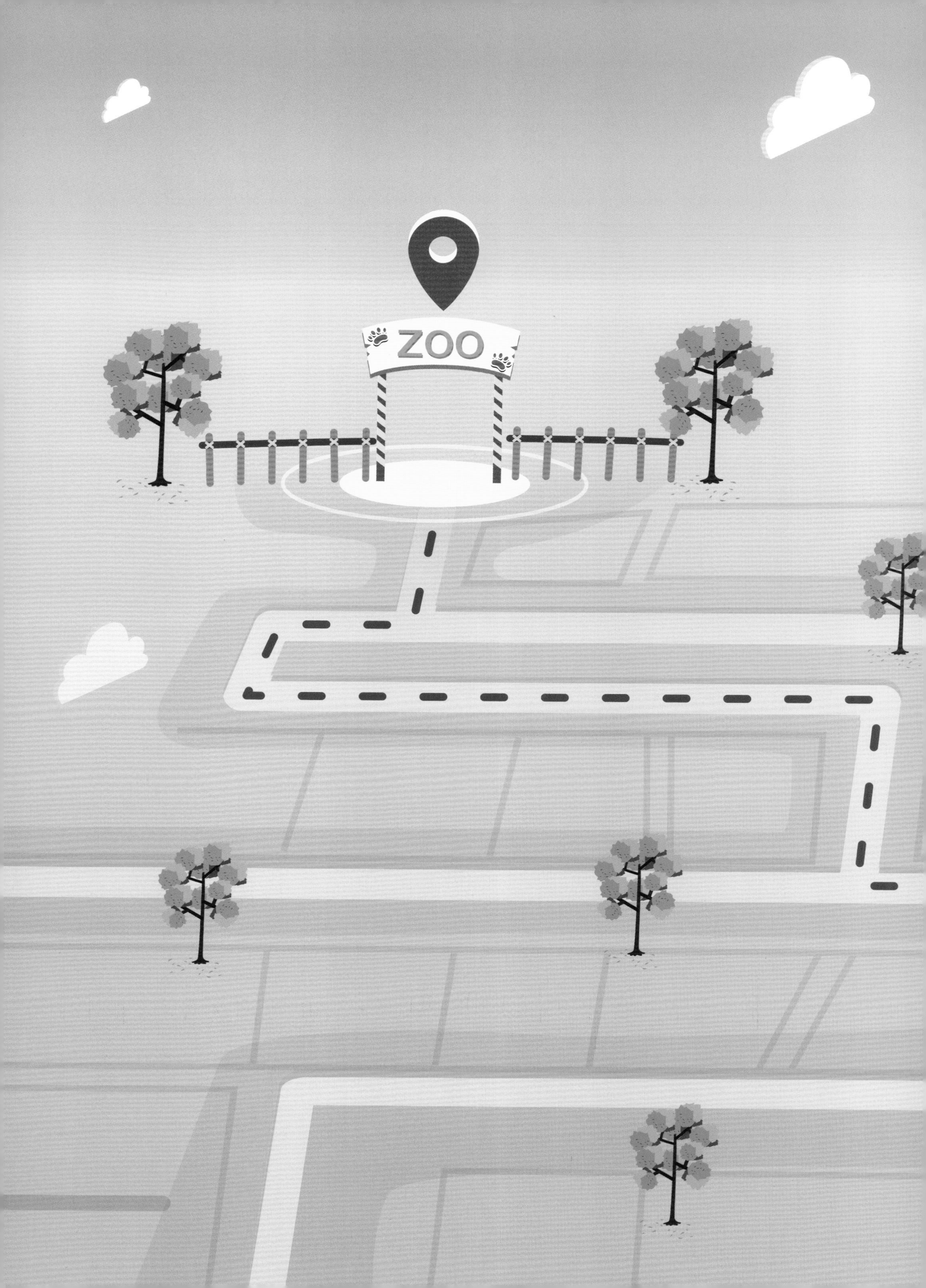
ZOO

卫星定位服务的应用范围可广啦！天上的飞机、海里的轮船、地上的汽车，都依靠卫星定位服务获得准确位置并找到安全路线。

同时，人造卫星定位服务使我们的生活也更加便捷和安全。如果你和家人要去动物园玩，妈妈可以使用手机呼叫距离最近的出租车，多么方便！如果你和家人走散了，爸爸妈妈可以使用定位手表找到你，真是安全多了！

太空望远镜

除了人造卫星，人类还往太空发射太空望远镜！

在地面使用望远镜时，很容易受到天气和大气云层的干扰。也就是说，能不能观测到重要的天文现象，基本上是“看天吃饭”。

于是，人们想到把望远镜放到太空去，这样就可以完全不受天气的影响啦！

迄今为止，人类发射了很多太空望远镜。最有名的是1990年由“发现者号”航天飞机带入太空的哈勃空间望远镜。哈勃空间望远镜在地球大气层之上，观测不会受到地球大气层的干扰，它做出可多新发现了。

我本领可大了。我证实了黑洞的存在，改进了对宇宙年龄的估计，还探索了太阳系外是否有类似地球的行星呢。

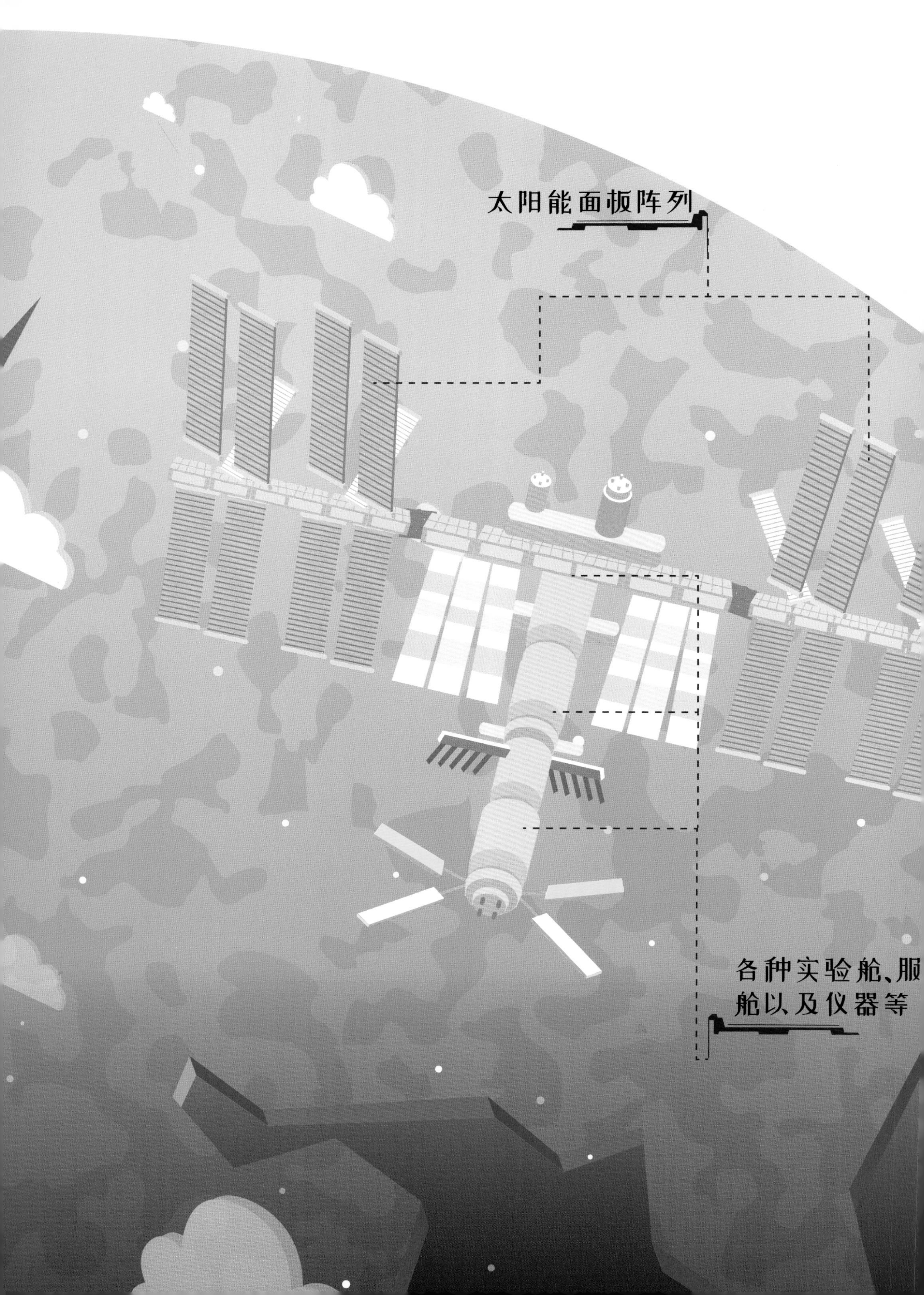
太阳能面板阵列
各种实验舱、服
舱以及仪器等

宇宙空间站

宇宙空间站就是运行在地球外层空间的人造“太空之家”。空间站是宇航员在太空中居住和工作的场所，它具有独特的微重力系统和宇宙空间环境，可以进行许多在地球表面上无法进行的实验。

目前人类建造的最大的宇宙空间站是国际空间站，这个空间站由美国、俄罗斯、加拿大、日本、巴西等共16个国家和地区参与研制。

宇航员的食物来源

绝大部分食物从地面运送。目前最大的宇宙空间站——国际空间站有自己的温室系统，种植过豌豆、小麦、萝卜、生菜、向日葵等作物。2015 年，宇航员们第一次吃到了由太空种植的生菜做成的沙拉。

宇航员怎么上厕所？

宇宙空间站上的厕所其实和地面上的厕所类似，但是脚和腿部有固定装置，防止在上厕所时飘走。另外，上厕所时，收集排泄物的吸力泵会打开，固体排泄物会被装入专用集装箱，并由货运飞船带入大气层烧毁。

为什么国际空间站是一节一节、样子怪怪的呢？

因为人类无法一次性把整个空间站送上太空，便采用了分期分批的方式。整个国际空间站是由航天飞机和运载火箭分几十次送上天的，就像小朋友搭积木一样。酷不酷？

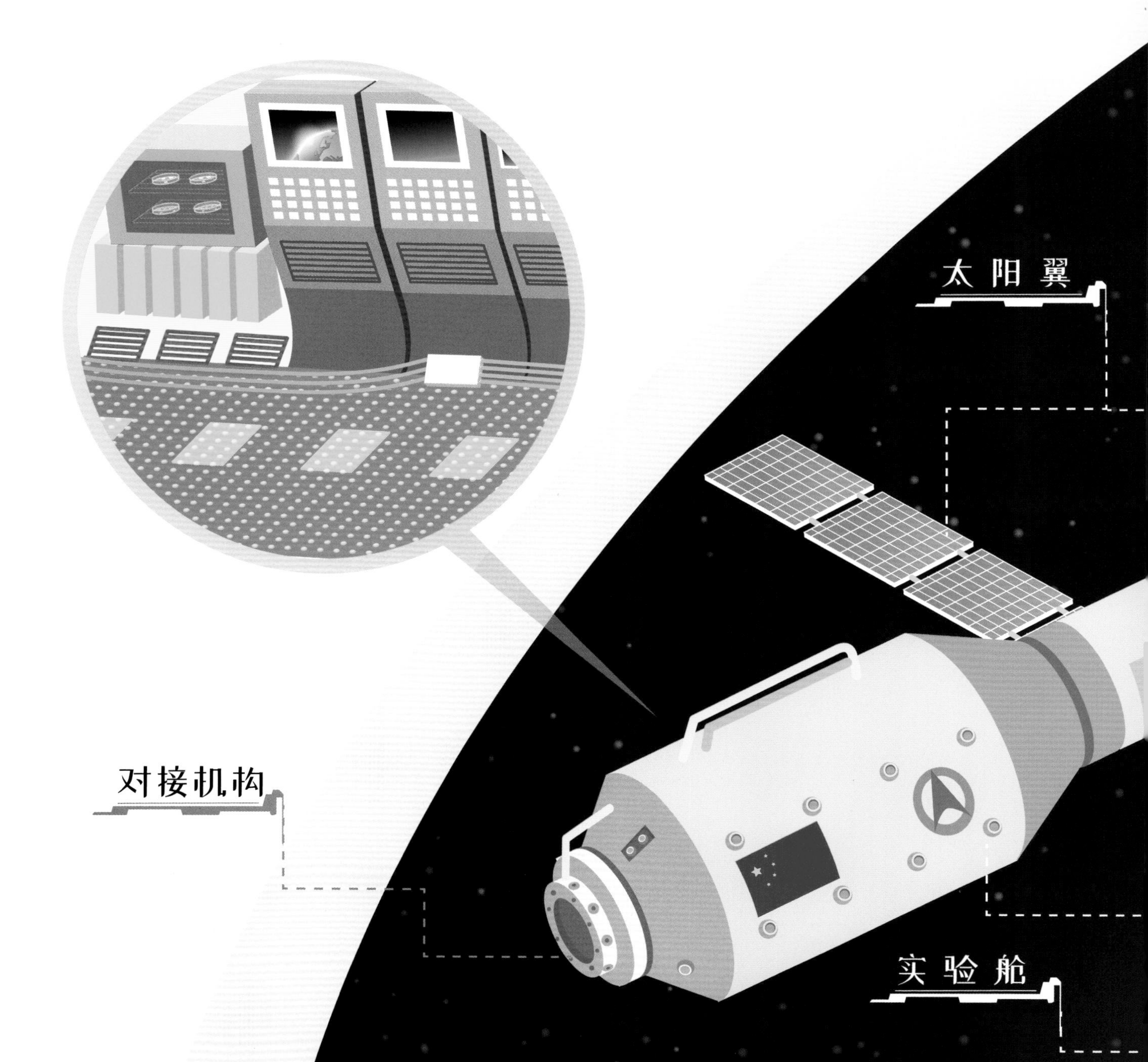

“天宫二号”上的实验——植物培养

为了让人类具备长期在太空生存的能力，需要解决食物的自给自足问题。因此，科学家们进行了太空植物培养实验，让植物种子在太空发芽、生长、开花直到结出新种子。科学家们成功地对水稻和一种叫拟南芥的植物进行了实验，而且有很多有趣的发现，比如，拟南芥在太空的开花时间比地面上整整晚了 22 天。

“天宫一号”和“天宫二号”

“天宫一号”是中国发射的第一个目标飞行器，于2011年9月29日发射成功。“天宫二号”是中国继“天宫一号”后的第二个空间实验室，也是中国第一个真正意义上的空间实验室。

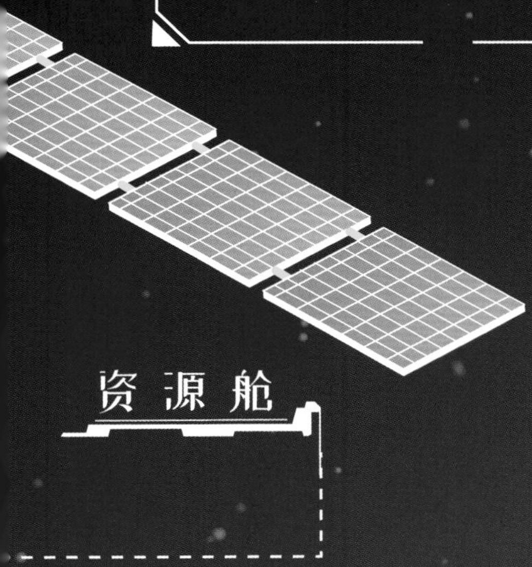

资源舱

“天宫二号”上的实验——太空养蚕

科学家们将6条蚕宝宝送上太空，并让它们成功地在微重力的太空中吐丝结茧。

地外卫星

除了发射各种绕地卫星之外，人类还向太阳系的其他行星发射了很多环绕行星的观测卫星。

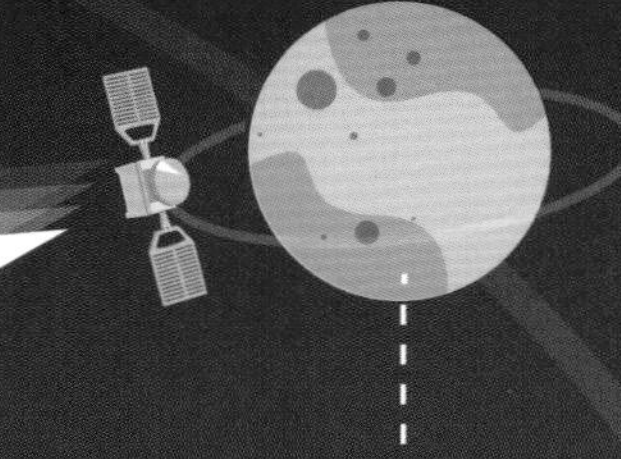

我发现金星的两极有变化的旋涡！

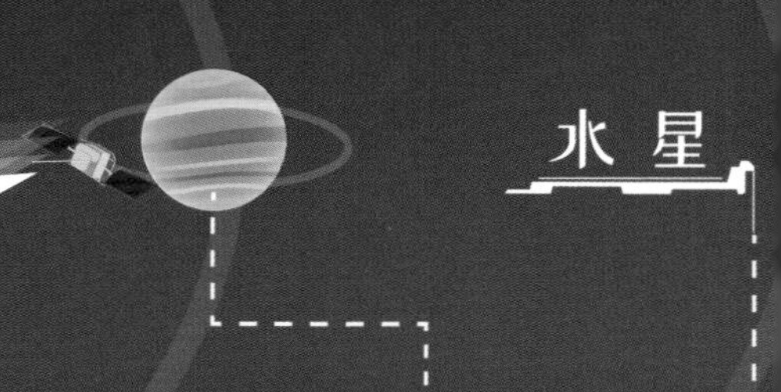

我发现水星也有像地球一样的磁场！

我们前面了解的所有行星、卫星都在围绕着同一个恒星运行，那就是太阳。但是，太阳只是银河系几千亿个恒星中的一个，而整个宇宙中有数十亿个星系。这么广大的宇宙，我们只探索了其中非常非常小的一个部分，谁知道将来我们会探索到哪里，发现什么新事物呢？

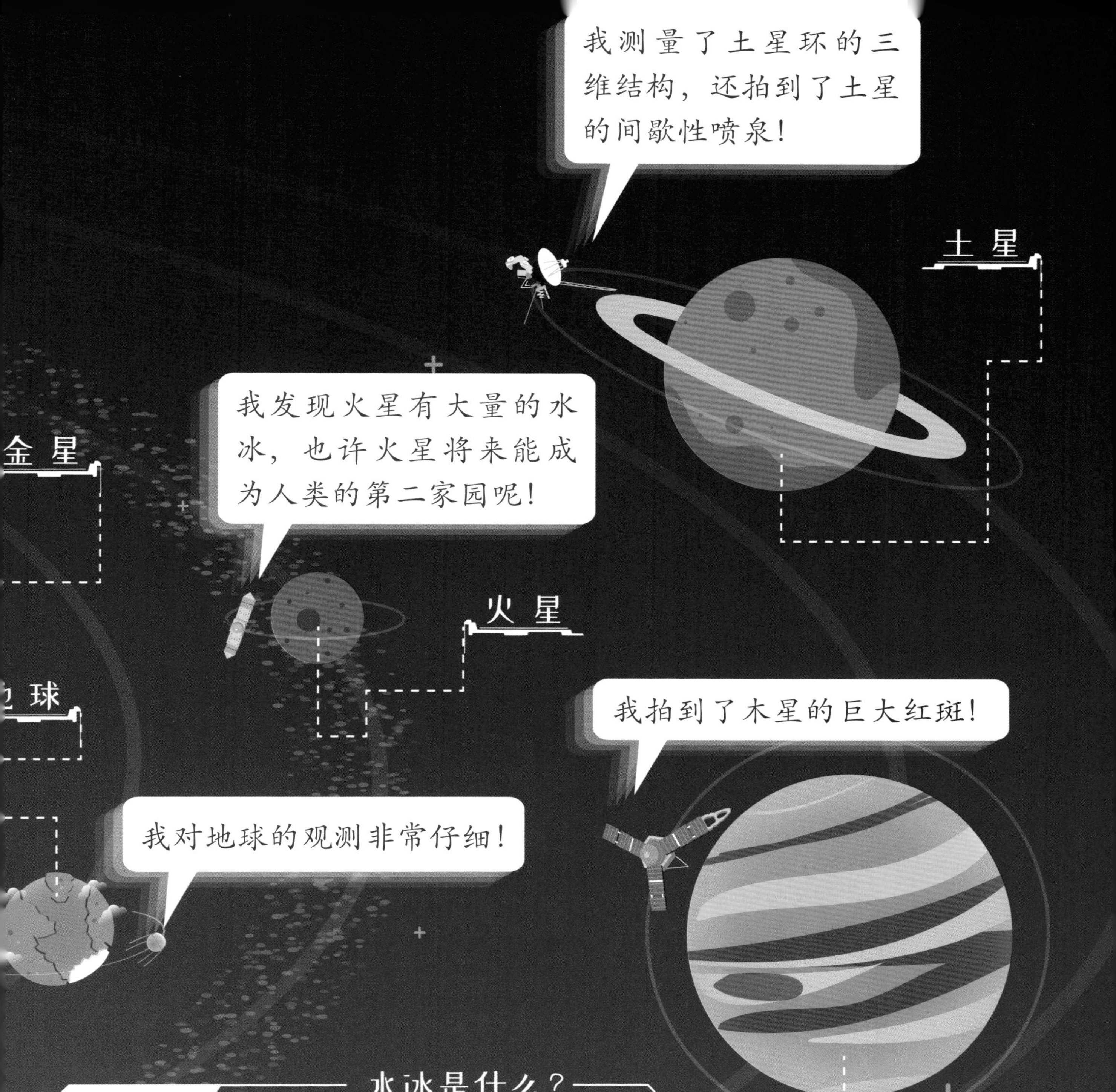

我测量了土星环的三维结构，还拍到了土星的间歇性喷泉！

土 星

我发现火星有大量的水冰，也许火星将来能成为人类的第二家园呢！

金 星

火 星

球

我拍到了木星的巨大红斑！

我对地球的观测非常仔细！

水冰是什么？

水冰就是水在低温下形成的冰。因为火星上冬季的温度非常低，部分二氧化碳在极地地区也形成了固体，称为干冰。干冰的确是与水冰不一样的一种“冰”。

木 星

星际迷宫

宇宙无边无际，有数不清的行星、卫星、星系。如果给你一幅宇宙地图，你会迷路吗？看看下面这个超级宇宙路线图，请你从起点出发，走到分岔的交汇点，

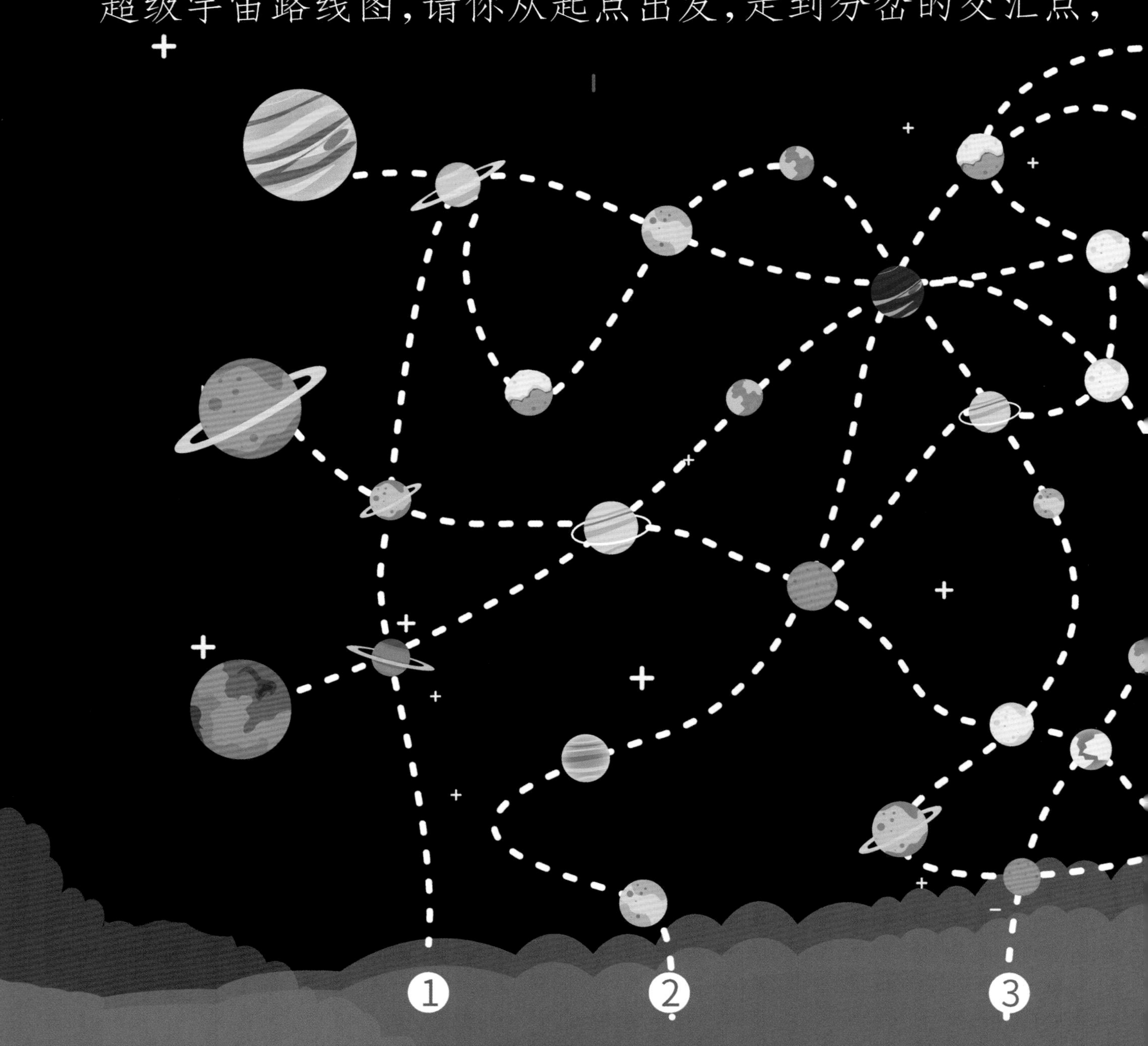

手机程序就会给你发送下一个目标的星球名称，一步步走下去，看看会发生什么。

加油！小朋友，走呀走，看看你能走到终点吗？扫描下方二维码才能开始游戏哦！

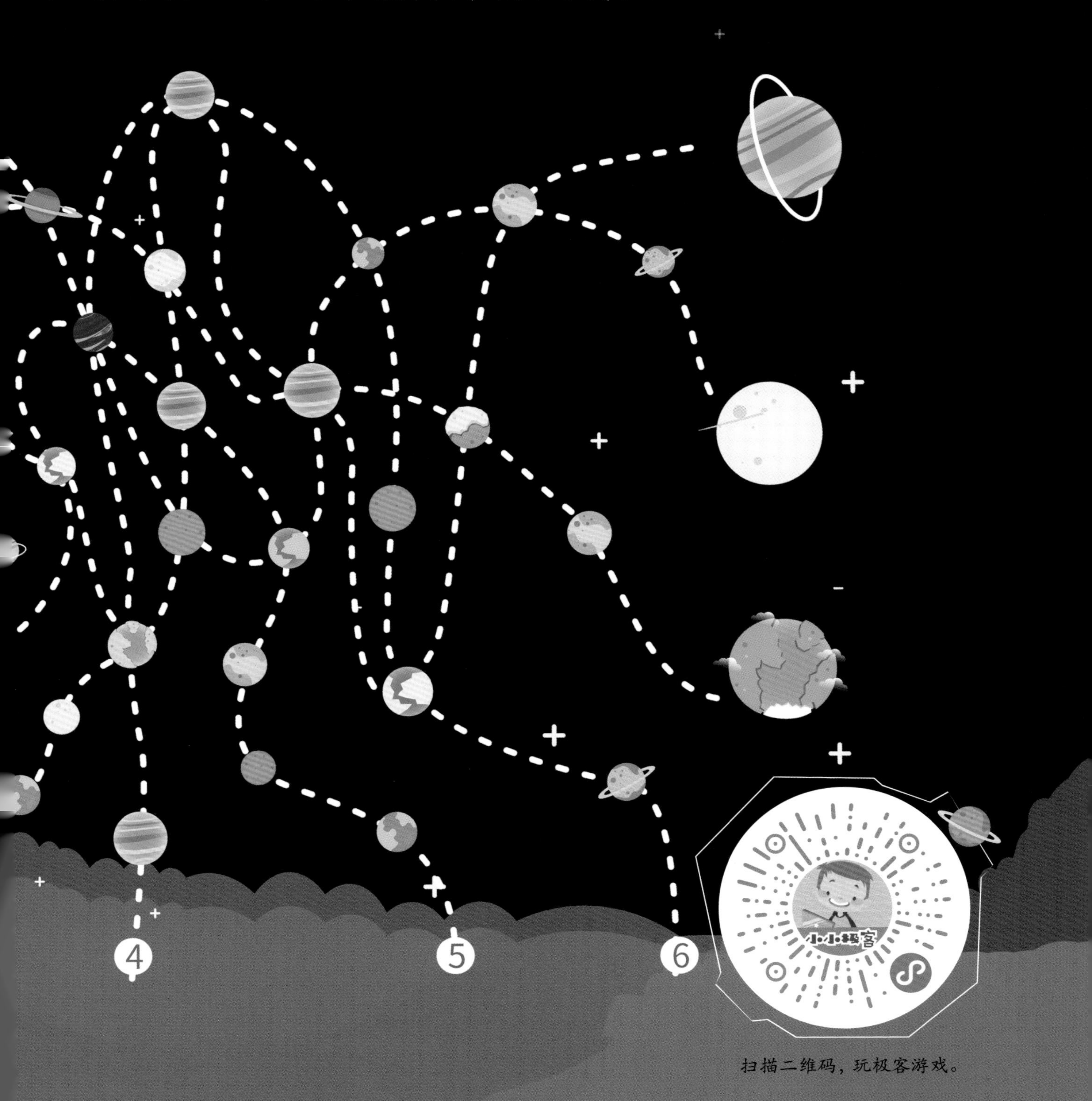

扫描二维码，玩极客游戏。

图书在版编目（CIP）数据

人造"星星" / 吴根清编著 . -- 北京 : 海豚出版社 : 新世界出版社 , 2019.9
ISBN 978-7-5110-4035-0

Ⅰ . ①人… Ⅱ . ①吴… Ⅲ . ①卫星－儿童读物 Ⅳ . ① P185-49

中国版本图书馆 CIP 数据核字 (2018) 第 286310 号

人造"星星"
RENZAO XINGXING
吴根清　编著

出版人　王　磊
总策划　张　煜
责任编辑　梅秋慧　张　镛　郭雨欣
装帧设计　荆　娟
责任印制　于浩杰　王宝根
出　　版　海豚出版社　新世界出版社
地　　址　北京市西城区百万庄大街 24 号
邮　　编　100037
电　　话　(010)68995968（发行）　(010)68996147（总编室）
印　　刷　小森印刷（北京）有限公司
经　　销　新华书店及网络书店
开　　本　889mm×1194mm　1/16
印　　张　3
字　　数　37.5 千字
版　　次　2019 年 9 月第 1 版　2019 年 9 月第 1 次印刷
标准书号　ISBN 978-7-5110-4035-0
定　　价　29.80 元